Sitzungsberichte
der Akademie der Wissenschaften
der DDR
Mathematik – Naturwissenschaften – Technik

9N

1979

Heinz Stiller und Heiner Vollstädt

Hochdruckforschung Ergebnisse und Anwendungsmöglichkeiten

AKADEMIE-VERLAG · BERLIN

Sitzungsberichte
der Akademie der Wissenschaften
der DDR
Mathematik — Naturwissenschaften — Technik

Jahrgang 1979 Nr. 9/N

Heinz Stiller und Heiner Vollstädt

Hochdruckforschung
Ergebnisse und Anwendungsmöglichkeiten

AKADEMIE-VERLAG BERLIN
1979

Vortrag von Heinz Stiller, Ordentliches Mitglied der Akademie der Wissenschaften der DDR und Dr. sc. Heiner Vollstädt, Zentralinstitut für Physik der Erde, gehalten am 18. Mai 1978 vor den Klassen Physik, Werkstoffwissenschaften und der AG Geo- und Kosmoswissenschaften der AdW der DDR

Herausgegeben im Auftrage
des Präsidenten der Akademie
der Wissenschaften der DDR
von Vizepräsident Prof. Dr. Heinrich Scheel

Erschienen im Akademie-Verlag, 108 Berlin, Leipziger Straße 3—4

Lizenznummer: 202 · 100/192/79
Gesamtherstellung: VEB Druckhaus Köthen
Bestellnummer: 762 7564 (2010/79/9/N) · LSV 3015
Printed in GDR
DDR 3,50 M

1. Einleitung

Auf der Grundlage der Pionierarbeiten von Bridgman in den 20er Jahren haben sich die systematische Untersuchung des Einflusses hoher Drücke auf die verschiedenen physikalischen Eigenschaften und die entsprechende technische Anwendung in der Anfangsphase nur schleppend entwickelt. Die seit ca. Dreijahrzehnten an die Hochdruck-Hochtemperaturtechnik gestellten Forderungen nach neuen widerstandsfähigen Werkstoffen für den Reaktor- und Raketenbau waren zugleich ausschlaggebend für eine verstärkte Untersuchung fundamentaler Probleme unter extremen Druck- und Temperaturbedingungen. Zweifellos bildete die Anfang der fünfziger Jahre geglückte Diamantsynthese eine weitere Ausgangsbasis für eine intensivere Einbeziehung der sich international inzwischen etablierten Hochdruckphysik in technische Anwendungen.

In der DDR vollzog sich die Entwicklung dieses Fachgebietes recht langsam: Anfang bis Mitte der 60er Jahre bildeten sich in den verschiedenen Einrichtungen der Akademie, des Hochschulwesens und der Industrie kleine Hochdruckgruppen (Jena, Dresden, Potsdam, Berlin, u. a. O.). Die Forschungen bezogen sich jeweils auf die Einbeziehung des Parameters *Druck* in die laufenden Spezialuntersuchungen (z. B. Erforschung der physikalischen Eigenschaften von Gläsern, Gesteinen und Mineralien).

Ausgehend von ersten Untersuchungen im ehemaligen Institut für Geodynamik der AdW hat sich im Zentralinstitut für Physik der Erde (ZIPE) ein Forschungspotential herausgebildet, was im wesentlichen auf die geophysikalischen Anwendungen der Hochdruckforschung orientiert. Trotz der Existenz einer weiteren sehr kleinen geowissenschaftlich orientierten Hochdruckgruppe beim VEB Geophysik werden mehr als 75% der Hochdruck-Kapazität des Zentralinstituts für Physik der Erde für Probleme der geologisch-geophysikalischen Anwendungen eingesetzt. Die weiteren Forschungsaufgaben, wie das Verhalten fester Körper unter extremen Bedingungen des tiefen Erdinnern und der Planeten, detaillierte Strukturuntersuchungen und theoretische Arbeiten (z. B. Zustandsgleichungen) können von der Forschungsgruppe des Zentralinstituts für Physik der Erde nicht im vollen Maße wahrgenommen werden. Schließlich machen es die Universalität der eingesetzten Methoden und Apparaturen sowie Grenzgebietsfragen zur Chemie des Erdinnern möglich, daß Grundlagenforschung in geringem Maße auch für Probleme der

Werkstoffsynthese sowie der Eigenschaftsänderung unter extremen p,T-Bedingungen möglich ist.

Die hier kurz geschilderten Probleme aus DDR-Sicht und die entsprechenden Vorschläge für eine Konzentrierung und systematische Erweiterung sind 1974 in einer Prognose des Ministeriums für Wissenschaft und Technik, die durch die AdW der DDR angefertigt wurde, dargestellt worden. Sie haben gleichfalls Berücksichtigung in einer entsprechenden RGW-Prognose aus dem Jahre 1977 gefunden und bilden das Grundanliegen einer vor 5 Jahren gebildeten Zentralen Arbeitsgruppe „Hochdrucktechnologie“ beim Präsidium der Kammer der Technik. Diese Gruppe aus Vertretern der meisten potentiellen Nutzer und Betreiber der Hochdruckforschung und -anwendung in der DDR hat sich neben der Konzentrierung und Koordinierung des geringen dezentralen Forschungspotentials die Aufgabe gestellt, Hinweise und Konzeptionen zur konsequenten Einführung ausgewählter Hochdrucktechnologien in die Volkswirtschaft der DDR zu erarbeiten.

In Abbildung 1 ist der gegenwärtige Stand des Forschungs- und Anwendungspotentials der Hochdruckphysik und -technologie in der DDR dargestellt.

2. Internationaler Stand — Methoden und Apparaturen

Die oben erläuterte Entwicklung der Hochdruckforschung führte international zur Bildung einer Reihe leistungsfähiger Zentren, die nicht unwesentlich durch die industrielle Erzeugung künstlicher Diamanten und anderer Hartstoffe beeinflußt wurde (UdSSR, USA, Schweden, Japan, z. T. BRD und ČSSR).

In gleicher Weise haben in der Forschung überall in der Welt die Hochdruckuntersuchungen ihren festen Platz erobert. Durch die Einbeziehung des Druckes wird ein wichtiger Informationsgewinn erzielt, der auf zahlreichen Gebieten zu wesentlichen neuen Erkenntnissen geführt hat, z. B. in vielen Zweigen der Festkörperphysik. Hier besteht das Prinzip meist darin, daß es durch die Erhöhung des Druckes möglich ist, die Abstände zwischen den atomaren Einheiten zu verkürzen und damit die zwischenatomaren und molekularen Wechselwirkungen zu beeinflussen. In gleicher Weise revolutionierend ist die Anwendung des Druckes auf thermodynamische Vorgänge (z. B. chemische Reaktionen, Transportvorgänge), die unter hohem Druck wesentlich anders verlaufen als unter Normalbedingungen. Dieser breiten Einsatzmöglichkeit ist praktisch in allen Industriestaaten Rechnung getragen worden. Es wurden teilweise sehr große spezielle Institute für Hochdruckuntersuchungen aufgebaut (z. B. das Institut für Physik der hohen Drücke Moskau sowie die Hochdruckzentren in Umea, Schweden, und Bellevue, Frankreich).

In vielen anderen Staaten sind die Hochdruckuntersuchungen immanenter Bestandteil der Arbeiten z. B. von Festkörper- und geophysikalischen Instituten geworden. Das trifft besonders neben der SU vor allem auf Japan (in der Abb. 2 ist als Beispiel eine Übersicht der Forschungseinrichtungen mit einem starken Sektor

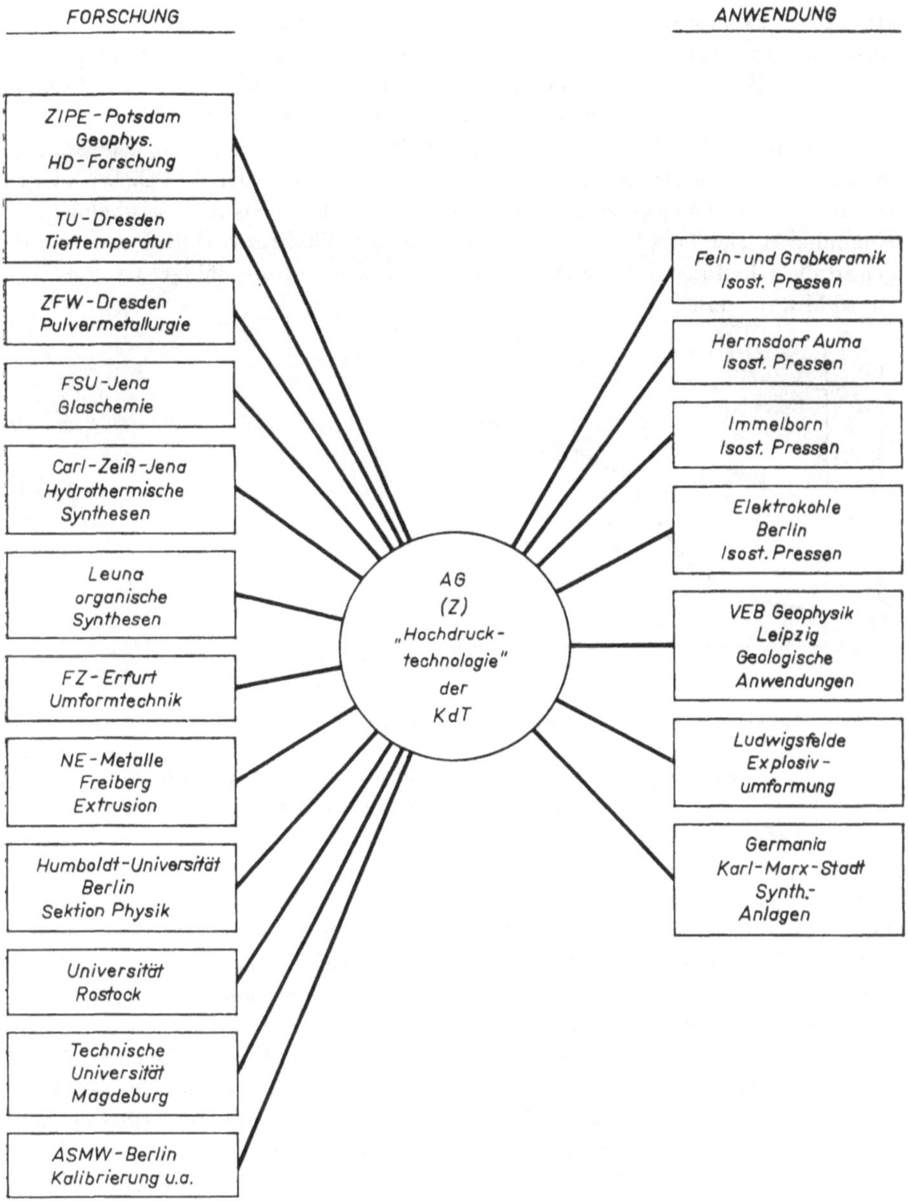

Abb. 1 Koordinierung der Hochdruckforschung und Anwendung in der DDR

Hochdruckphysik dargestellt), die USA, Frankreich, Großbritannien, die BRD und Australien zu. In der Sowjetunion haben sich besonders leistungsfähige Zentren der geophysikalischen Hochdruckforschung (Kiew, Novosibirsk, Moskau, Donezk, Leningrad u. a.) gebildet; vergleichbare Ansätze gibt es in der ČSSR und Polen. Zwischen diesen Ländern koordiniert die AdW der DDR die geophysikalisch-geologisch orientierten Hochdruckuntersuchungen im Rahmen der KAPG. Das gleiche gilt für die Hochdruckforschung im Rahmen der Europäischen Seismologischen Kommission. Der Trend auf dem Sektor der geophysikalischen Hochdruckforschungen ist die Schaffung geräteintensiver und theoretisch leistungsfähiger Gruppen von ca. 20 Mitarbeitern.

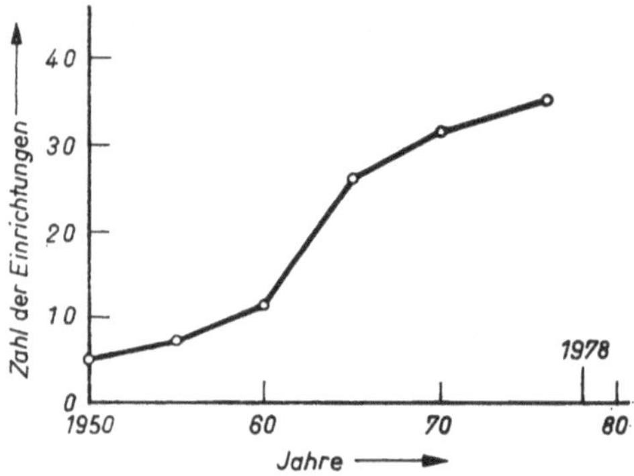

Abb. 2 Entwicklung der Hochdruckkapazität in Japan

In den vergangenen Jahren führte die Bildung eigener internationaler Gremien (Europäische Hochdruckgruppe, International Assoziation for the Advancement of High Pressure Science and Technology) sowie die Einbeziehung der Hochdruckforschung in die entsprechenden physikalischen und geophysikalischen Gremien zur besseren Information und gestattet einen besseren Vergleich der gegenwärtigen Leistungsfähigkeit dieses Fachgebietes. So sind die Schlußfolgerungen für die Entwicklung der Hochdruckforschung in der DDR nicht zuletzt auch auf der Grundlage des systematischen Besuches dieser Fachtagungen entstanden (z. B. Hochdrucktagungen in Moskau, Boulder, Dublin).

Obwohl gegenwärtig der Trend in der Hochdruckforschung nicht allein die Erreichung extrem hoher Druckwerte ist, sondern man besonders um größere Reaktionsräume und exaktere Handhabung minimaler Druckänderungen (Phasengleichgewichte etc.) bemüht ist, erscheint eine Darstellung der Leistungsfähigkeit als notwendig. Die Abbildung 3 zeigt eine Darstellung der gegenwärtig international erreichbaren Druckwerte in Abhängigkeit von der Temperatur und dem angewendeten Verfahren; als Relation ist die Erde mit ihren geschätzten Druck-Tiefenverhältnissen angegeben.

Man kann alle bisher entwickelten Verfahren, hohen Druck zu erzeugen, nach der Art, wie der Druck auf die Probe wirksam wird, in drei Gruppen unterteilen:

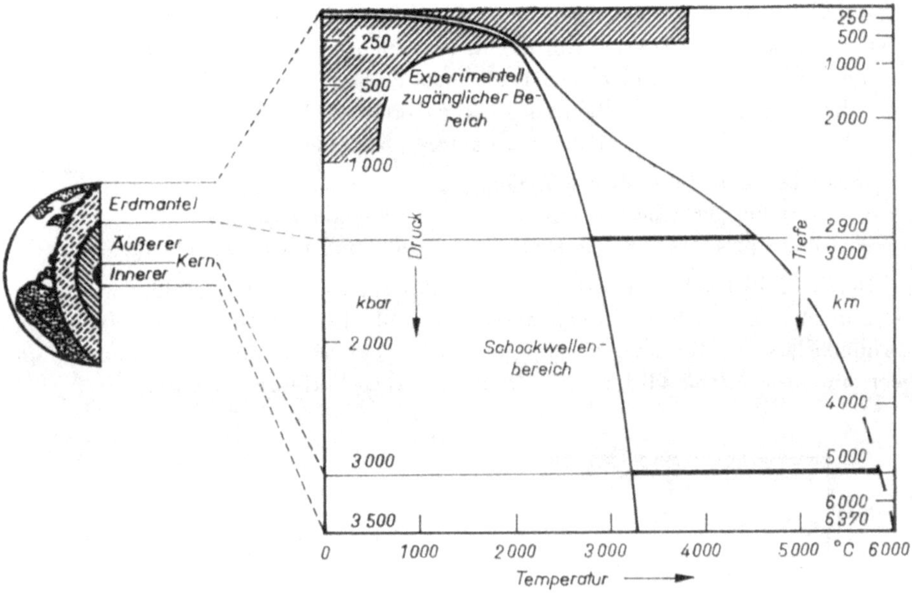

Abb. 3 Experimentell erreichte Druckwerte sowie Druck- und Temperaturverteilung in der Erde

a) Hydrostatische Verfahren

Der Druck wird mittels eines flüssigen oder gasförmigen Druckübertragungsmittels auf die Probe übertragen und wirkt zeitlich konstant und von allen Seiten in gleicher Höhe.

b) Quasihydrostatische Verfahren

Die druckerzeugende Kraft wird aus einer oder mehreren Richtungen auf die Probe übertragen; sie wirkt zeitlich konstant, es wird ein festes, bei hohem Druck plastisches Übertragungsmittel benutzt.

c) Schockwellen

Es wird ein Druckimpuls kurzer Dauer (10^{-5} bis 10^{-7} s) und großer Amplitude auf die Probe gegeben.

a) Hydrostatische Drücke

Beim überwiegenden Teil der hydrostatischen Anlagen wird das flüssige oder gasförmige Druckübertragungsmedium durch einen Hochdruckkompressor bis auf maximal einige Kilobar komprimiert. Der Enddruck wird dann durch eine oder mehrere Multiplikatorstufen erreicht, in denen die Druckerhöhung durch den Übergang zu einem kleineren Kolbenquerschnitt erzielt wird.

Die Untersuchungen werden entweder direkt in dem letzten Hochdruckzylinder durchgeführt oder es wird das hochgespannte Druckübertragungsmedium über

Stahlkapillaren in eine getrennte Meßkammer gepreßt. Beim Einsatz der verschiedensten Übertragungsmittel wurden mit intern geheizten Kammern Drücke bis 10 kbar bei 1500 °C und einem Probenraum von $V = 30\ cm^3$ erreicht, bei entsprechendem kleineren Probenraum bis ca. 30 kbar. Diese maximal erreichbaren Drücke werden durch eine Reihe von Faktoren begrenzt:

- Festigkeit der Materialien von Kammer und Stempel
- Verfestigung des Übertragungsmediums bei höheren Drücken
- Dichtungsprobleme an den beweglichen Teilen und Durchführungen.

Der Vorteil des Verfahrens liegt zweifellos im äußerst gleichmäßig wirkenden Druck, der handlichen Probenanordnung und dem großen Kammervolumen. Schließlich ist der Kammeraufbau relativ wenig aufwendig. Einkristalluntersuchungen sind fast ausschließlich nur mit hydrostatischen Verfahren möglich.

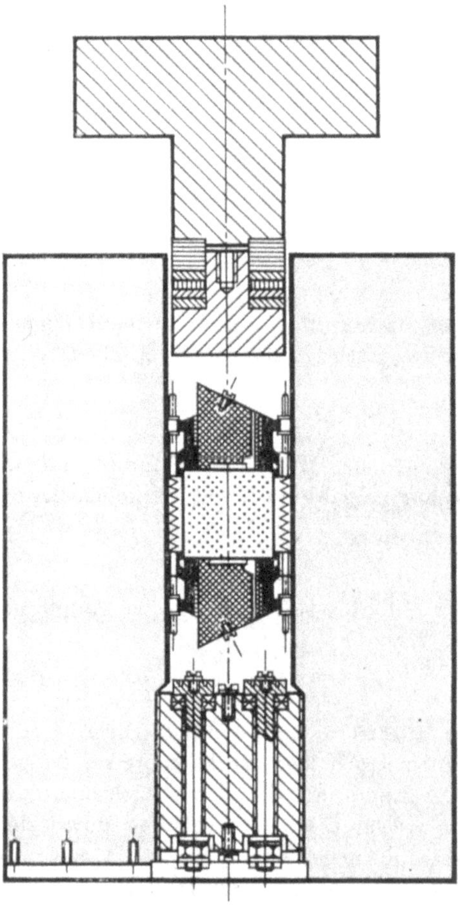

Abb. 4 Kammer zur hydrostatischen Druckerzeugung

Bei einem anderen hydrostatischen Druckerzeugungsverfahren wird eine flüssigkeitsgefüllte hermetisch abgeschlossene Hochdruckkammer erhitzt, so daß im Inneren durch die Zunahme des Dampfdruckes ein Überdruck entsteht. Nachteilig ist die Bindung an die entsprechende Dampfdruckkurve. Die erreichbaren Drücke sind mit 3 kbar bei ca. 1000 °C recht gering.

Ein häufig verwendetes Verfahren (siehe auch Abb. 4) beruht auf dem Einpressen eines Stempels mit einer Dichtung direkt in den zylindrischen Hohlraum eines ölgefüllten Hochdruckzylinders. Bei diesem System, was für die Schallwellenuntersuchungen von Gesteinen und Mineralien unter Druck beispielsweise angewendet wird, erreicht man Druckwerte bis 25 kbar.

Der relativ übersichtliche Druckkammeraufbau gestattet die direkte Messung der verschiedenen physikalischen Parameter.

Die Druckuntersuchungen bei *tiefen* Temperaturen werden teilweise auch mit Hilfe hydrostatischer Anlagen durchgeführt.

b) Quasihydrostatische Drücke

Die Entwicklung dieser Anlagen, die ein unter Normalbedingungen festes Druckübertragungsmittel verwenden (was unter hohem Druck plastisch wird), ging von Bridgmans „Opposed anvils" aus (vgl. Abb. 5). Beide Stempel laufen in einer Achse und drücken auf eine sehr dünne (nahezu zweidimensionale) Probe, die

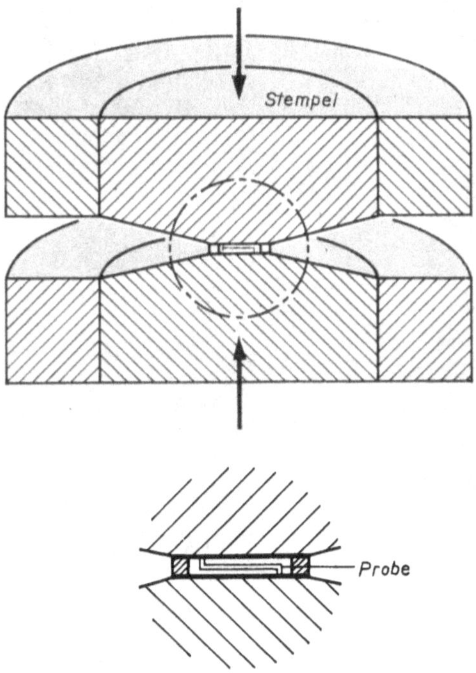

Abb. 5 Prinzip der Opposed-Anvil-Kammer

meist von einem Ring begrenzt wird. Die sehr kleinen Proben gestatten die Anwendung von nur speziellen Methoden (sehr gut geeignet für elektrische Messungen).

Für Struktur-Untersuchungen sowie optische Untersuchungen wird eine spezielle Art verwendet, bei der die Stempel aus Diamant bestehen. Das Drücken bei gleichzeitigem Heizen ist auch hier möglich: Äußere Heizungen gestatten Temperaturen bis ca. 400 °C, spezielle interne Heizanordnungen in der millimeter großen Probe (Ringwood) erreichten 1200 °C; es wurde auch über erfolgreiche Beheizung durch Laser berichtet.

Gesicherte maximal erreichte Druckwerte mit diesem Verfahren liegen bei ca.

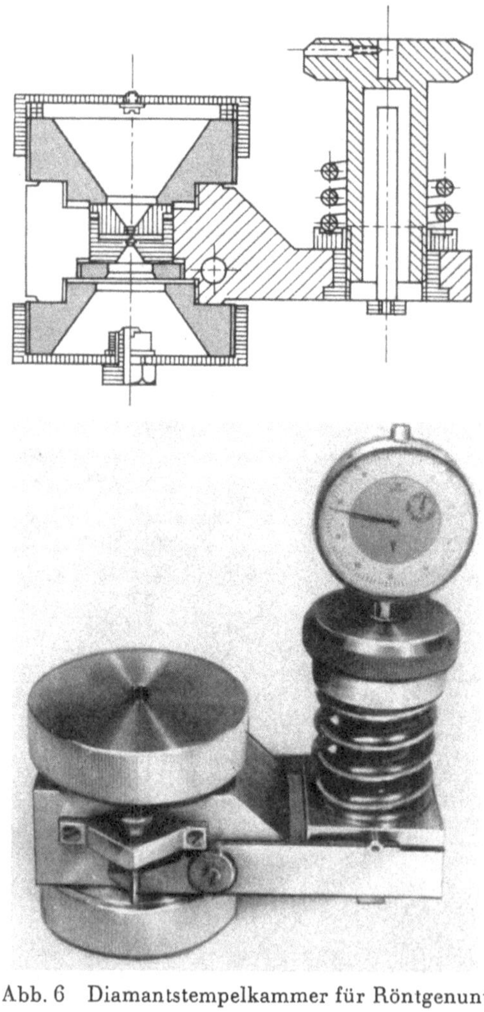

Abb. 6 Diamantstempelkammer für Röntgenuntersuchungen (ZIPE)

500 kbar (DRICKHAMER); Mitteilungen der Japaner, 1 Mbar erreicht zu haben, den noch angezweifelt.

In Abbildung 6 und 7 ist eine im Zentralinstitut für Physik der Erde entwikkelte leistungsfähige Squeezer-Apparatur für röntgen- und lichtoptische Untersuchungen dargestellt. E[illegible] verbesserte Anlage wird gegenwärtig gemeinsam mit dem VEB Carl Zeiss Jena entwickelt und dort gebaut. Da auch für die meisten Strukturuntersuchungen mit Röntgenstrahlen der Einkristall Voraussetzung ist, sind Bemühungen für bestimmte Meßanordnungen international im Gange, z. B. in dieser Squeezeranordnung hydrostatische Druckbedingungen bis 100 kbar zu erreichen (Bohren der Diamantstempel, Umschließen des Druckraumes zwischen den Diamantstempeln).

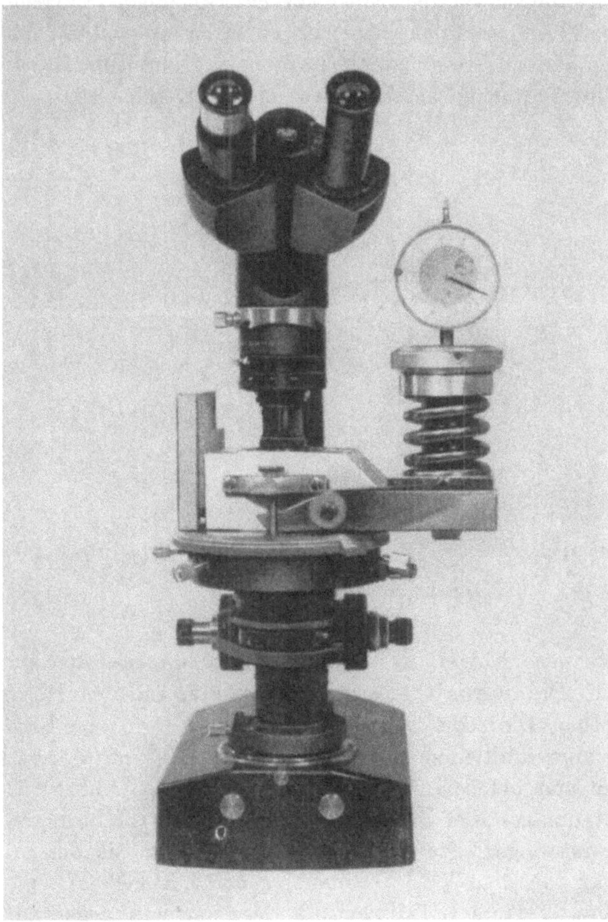

Abb. Diamantstempelkammer für lichtoptische Untersuchungen (ZIPE)

Eine weitere — vor allem für diffizile festkörperphysikalische Experimente einsetzbare Variante stellen die *Vielstempelanlagen* dar. Die *tetraedrische* Anordnung besitzt vier Stempel, die den Preßdruck über ein festes Übertragungsmedium (Pyrophyllit) auf die tetraedrische Probe übertragen (siehe Abb. 8 a). Entwickelt wurden solche Anlagen für die Herstellung synthetischer Diamanten. Das relativ große Probenvolumen erlaubt außerdem die Anwendung verschiedener Meßverfahren. Die Druckwerte liegen bei ca. 70 kbar, bei Temepraturen von wenig über 1000 °C; eine speziell von Hall entwickelte Anlage gestattet Drücke bis 100 kbar bei 3000 °C.

Die kubische Anordnung besitzt sechs Stempel (Abb. 8 b). die sich in drei zueinander senkrechten Richtungen paarweise gegenüberstehen. Hier sind Anordnungen mit Probenräumen bis 400 cm^3 bei einem Druck von 120 kbar bekannt. Mit diesen Vielstempelanordnungen wurden bisher vornehmlich folgende Arbeiten durchgeführt: Synthesen, DTA, Leitfähigkeitsmessungen, Kompressibilität, Phasenänderungen im Probenmaterial, Röntgenuntersuchungen (Akimoto), Halbleiter—Metall-Übergänge, Untersuchungen der Energiebänder in Halbleitern.

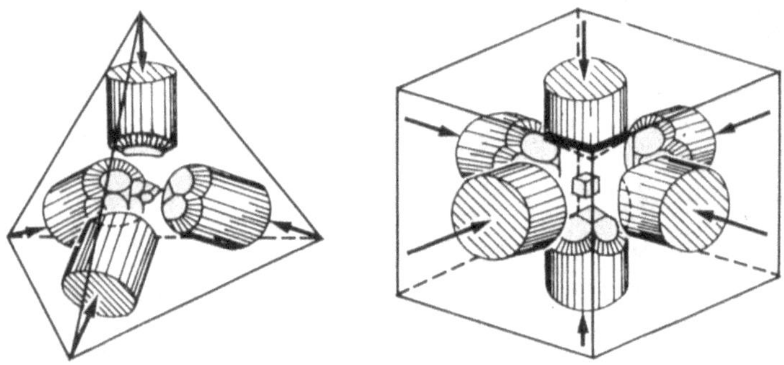

b

Abb. 8 Prinzip von Mehrstempelkammern

a) Tetraederanordnung b) Kubische Anordnung

Die *Kugelkammer* (z. B. nach Kawai) ist derzeit geeignet, die höchsten statischen Drücke zu erzeugen. Die durch japanische Laboratorien erzielten Höchstdrücke liegen bei ca. 2 Mbar. Die sechs Stempel besitzen die Form von Kugelsegmenten, deren Spitzen abgeschnitten sind. Von diesen wird die Kraft über acht würfelförmige Stempel auf eine oktaedrische Probe übertragen (vgl. Abb. 9). Der äußerst kleine Reaktionsraum gestattet gegenwärtig nur die Durchführung von elektrischen Leitfähigkeitsmessungen. Die im Zentralinstitut für Physik der Erde entwickelte und gemeinsam mit dem VEB Germania gebaute Kugelkammer gehört zu den ersten ihrer Art in den sozialistischen Ländern und wird gegenwärtig für den Einsatz vorbereitet (siehe Abb. 10).

Eine vierte und sehr wichtige Möglichkeit zur Erzeugung quasihydrostatischen Druckes sind die *Stempel-Zylinder-Anordnungen.* Der Probenraum befindet sich in einem Zylinder, der durch ein System vorgespannter Ringe seitlich gestützt wird (Abb. 11). Diese mit b e l t bzw. g i r d l e bezeichneten Typen gestatten, Drücke um 100 kbar bei Temperaturen von 2000 bis 3000 °C zu erzeugen. In der

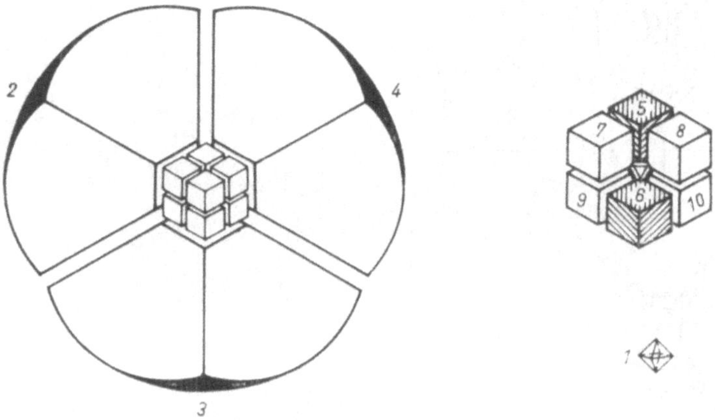

Abb. 9 Aufbau der Kugelkammer (schematisch)

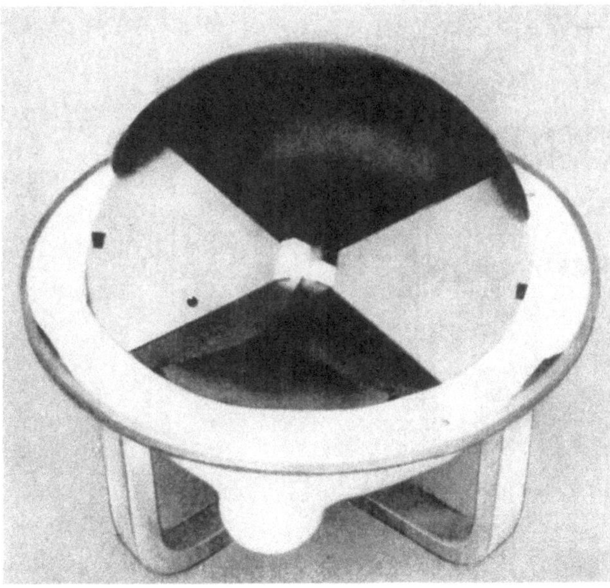

Abb. 10 Kugelkammer (teilmontiert)

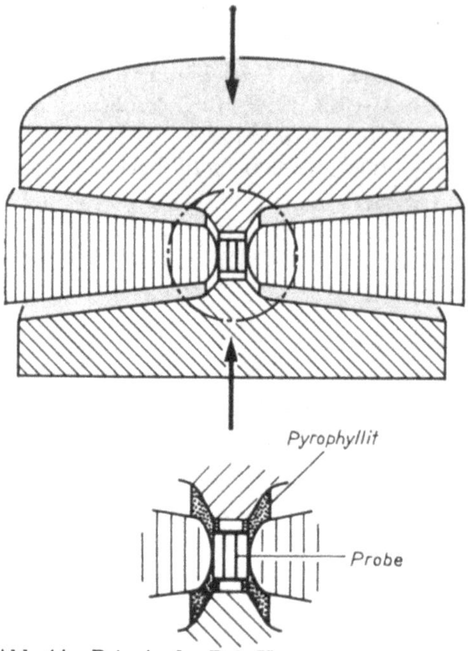

Abb. 11 Prinzip der Belt-Kammer

Abb. 12 Belt-Kammer (ZIPE)

Abbildung 12 ist die Ansicht einer derartigen belt-Kammer zu sehen (Entwicklungen des ZIPE).

Zu erwähnen sind schließlich bisher nur wenig experimentell realisierte Bemühungen mit Hilfe eines Systems von gleitenden Stempelanordnungen (siehe Abb. 13) wie sie in Japan entwickelt wurden. Die Vorteile liegen vor allem in der günstigen Übertragung der Preßkraft auf die gleitenden Stempel. Dieses multi-anvil-sliding system ist ein ernst zu nehmender Versuch, die Druckgrenzen, wie sie durch die Festigkeitswerte der Druckkammermaterialien gesetzt werden, zu überschreiten. Ein zweiter Weg ist nur erfolgreich, wenn es gelingt, neue Werkstoffe mit höherer Festigkeit zu entwickeln.

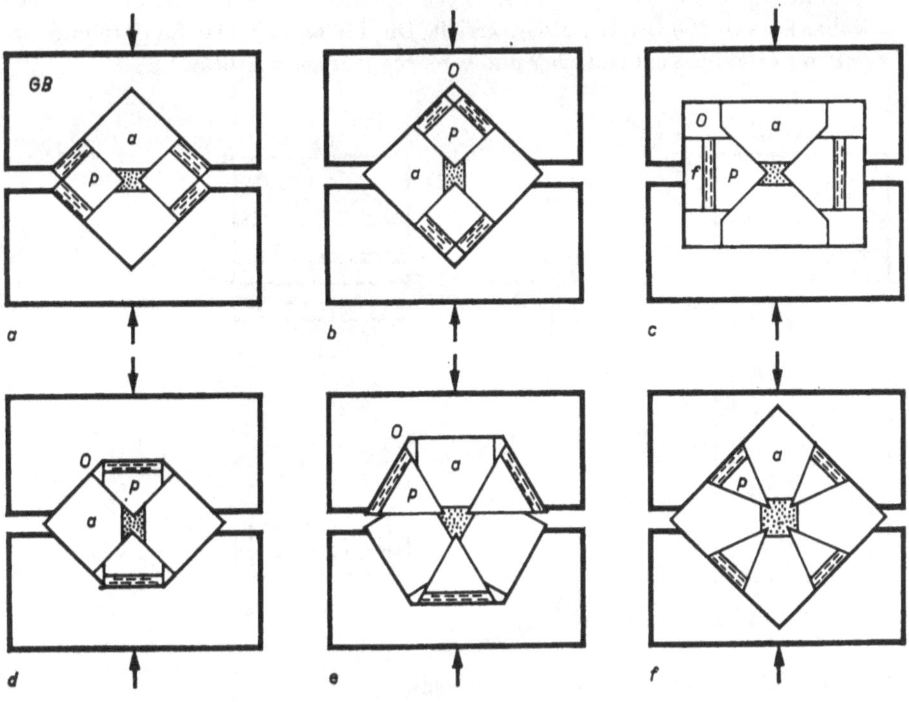

Abb. 13 Multi-Anvil-Sliding-System

Es muß hier erwähnt werden, daß das internationale Angebot an kommerziell hergestellten quasihydrostatischen Druckkammern sehr mager und teuer ist. Aus diesem Grunde werden in der Regel die verwendeten Druckkammern durch die Forschungseinrichtungen in den verschiedenen Ländern selbst hergestellt. Die einem hohen Verschleiß unterliegenden zentralen Teile (Gesenke, Stempel) bestehen in der Regel aus Wolframkarbid mit einem definierten Co-Anteil. Schwierigkeiten bei der Beschaffung und geeigneten Bearbeitung bilden speziell bislang in der DDR u. a. ein Hindernis für systematischere Hochdruckuntersuchungen.

c) Schockwellen

Aus der Sicht der experimentellen Technik und auch der Anwendungen bestehen erhebliche Unterschiede zwischen Stoßwellen in Gasen und in kondensierter Materie. In Gasen werden infolge der hohen Kompressibilität nur geringe Drücke (unter 10 kb) erreicht. Für die Erzeugung von Stoßwellen in kondensierter Materie stehen eine Reihe unterschiedlicher Methoden zur Verfügung, die alle sehr aufwendig sind (siehe Abb. 14). Für die Erzeugung sehr hoher Drücke werden vorwiegend Detonationswellen, auch von Kernexplosionen, genutzt bzw. es werden durch Explosion beschleunigte mechanische Teile (Platten) eingesetzt. Hierher gehört auch die Stoßwellenerzeugung durch Einschuß hochbeschleunigter Projektile. Mit diesem extrem aufwendigen Verfahren werden Drücke bis in den Megabar-Bereich (60 bis 100 Mbar) erzielt. Die für die Werkstoffumformung eingesetzten Verfahren sind einfacher und erzeugen geringere Drücke.

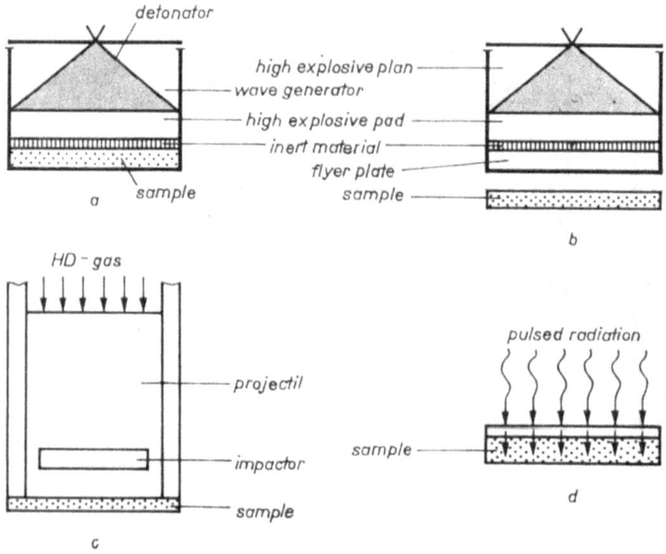

Abb. 14 Methoden der Schockwellenerzeugung

Die Erzeugung extrem hoher Drücke im Megabar-Bereich hat eine sehr hohe grundsätzliche Bedeutung für die Erforschung des Verhaltens der Materie unter diesen extremen Bedingungen. Bei der Einschätzung muß jedoch berücksichtigt werden, daß die Schwierigkeiten nicht nur bei der Erzeugung der Stoßwellen liegen, sondern auch besonders hohe Anforderungen an die Meßtechnik gestellt werden. Die Untersuchungen müssen in der sehr kurzen Einwirkungszeit der Stoßwelle (Mikrosekundenbereich) durchgeführt werden.

Bei der Behandlung der Hochdruckmethodik sind einige Bemerkungen zum Problem der *Messung hoher Drücke* notwendig:

Die Messung hoher Drücke im hydrostatischen Bereich ist relativ unkritisch. Als Primärmeßeinrichtung wird meist die sog. free-piston-gauge benutzt. Dabei wird die Kraft gemessen, die der zu bestimmende Druck auf einen möglichst frei beweglichen Stempel ausübt, der die zylindrische Meßkammer abschließt. Praktisch werden Sekundärinstrumente genutzt, die mit Hilfe von Primärgeräten geeicht werden (z. B. Bourdon-Waage, Manganínmanometer mit Meßgenauigkeiten bei 1%). Problematisch ist die Druckmessung bei quasihydrostatischen Kammern. In fast allen Fällen werden Phasenübergänge bei bestimmten Substanzen ausgenutzt, für die die Druckwerte bekannt sind. Sie bilden die Fixpunkte einer Druckskala, mit deren Hilfe für jede Druckkammer der Zusammenhang zwischen druckerzeugender Kraft und erreichtem Druck bestimmt werden. Die erreichbare Genauigkeit liegt bei 10%.

3. Anwendungen in Forschung und Technik

Einen Überblick über den Einsatz von Hochdruck-Untersuchungen in den verschiedenen Bereichen der Forschung gibt die Zusammenstellung in Tabelle 1. Im folgenden soll auf einige Ergebnisse von Hochdruckuntersuchungen genauer eingegangen werden.

3.1. Geologisch-geophysikalische Hochdruck-Untersuchungen

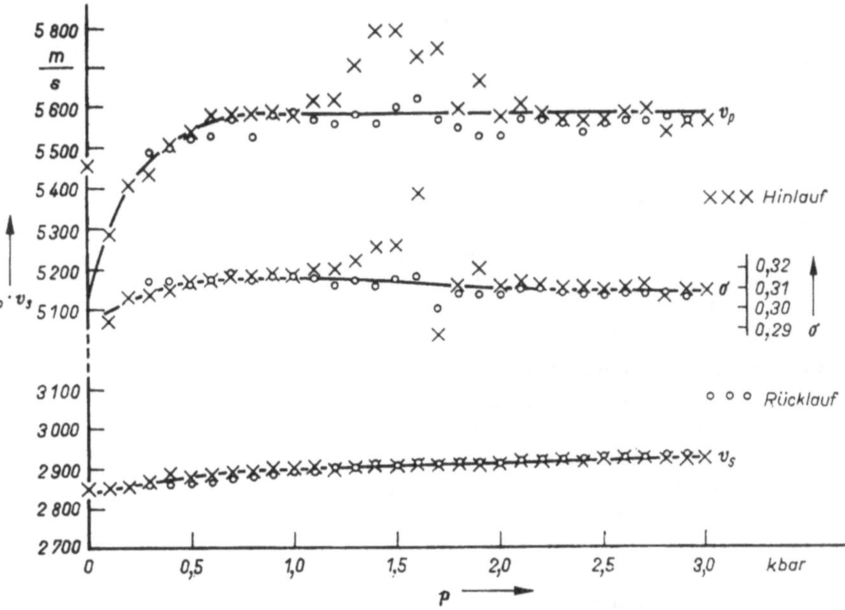

Abb. 15 Elastische Geschwindigkeiten und Poissonsches Verhältnis σ

Die Erforschung des strukturell-stofflichen Aufbaus der Erde und der Planeten im Rahmen des Forschungsprogramms Geo- und Kosmoswissenschaften erfordert die Einbeziehung des Parameters Druck in der mannigfaltigsten Weise:

Bei der Untersuchung der physikalischen Eigenschaften der Minerale und Gesteine als Grundlage für die Kenntnis deren Genese (Probleme der Lagerstätten u. a.) sind experimentelle Untersuchungen notwendig, die den betreffenden Tiefenbereich charakterisieren. So gestattet die systematische Untersuchung der Druckabhängigkeit der Schallwellengeschwindigkeit der verschiedenen Gesteine Rückschlüsse auf Diskontinuitäten in den oberen Erdschichten, gibt Hinweise auf das Verhalten von druckbelasteter Materie in tieferen Schichten der Erde und gestattet somit wichtige Rückschlüsse z. B. auf die physikalischen Vorgänge bei Brucherscheinungen, die uns wiederum beim Verständnis von Erdbebenvorgängen helfen (siehe Abb. 15). Gemeinsam mit der Untersuchung weiterer physikalischer Eigenschaften unter Druck (elektrisch, thermisch) an Gesteinen und der theoretischen Beschreibung dieser Phänomene im Gestein erhalten wir Kenntnisse über den strukturellen und stofflichen Aufbau der Erdkruste (Grundlage für die geologische Erkundung) und z. T. über die dort ablaufenden auf der Oberfläche nachzuweisenden Effekte. Die Abbildungen 16 und 17 bringen einige Untersuchungsergebnisse zur Druckabhängigkeit verschiedener physikalischer Eigenschaften geologisch relevanter Substanzen.

Tabelle 1

Hochdruck-Untersuchungen in der Forschung

METALLE

- Kompressibilität, Zustandsgleichungen
- Beeinflussung der Fermiflächen, elektrische Leitfähigkeit
- Supraleitung
- Diffussion, Strukturübergänge
- Metall-Isolator-Übergänge
- Einfluß auf die EMK von Thermoelementen
- Hallkonstante

HALBLEITER

- Beeinflussung der Bandstruktur
- Ionisationsenergie, Störstellenzustände
- Übergänge amorphe — kristalline Halbleiter
- IR-Spektroskopie (Absorptionskante)
- Hallkonstante und Beweglichkeit; Magnetophoneffekt
- Strukturuntersuchungen, Diffusionsvorgänge

DIELEKTRIKA, IONENKRISTALLE

- Polymorphe Phasenübergänge, neue HD-Strukturen
- Druckabhängigkeit der Gitterkonstanten

Fortsetzung Tabelle 1

Dielektrische Polarisation, Dielektrizitätskonstante, Brechungsindex
piezo- und ferroelektrische Eigenschaften (T_C)
Hyperfeinstruktur der s-Zustände, Kernresonanz
Kompressibilität, elastische Konstanten, v_p, v_s
Kristallisation bei Polymeren

FERRO- u. ANTIFERROMAGNETIKA

Druckabhängigkeit der Magnetisierung
magnetische Phasenübergänge (T_C, T_N)
Mößbauereffekt
Elektronenspinresonanz — Spinwellenuntersuchungen

GESTEINE, MINERALIEN

elektrische, thermische Leitfähigkeit, v_p, v_s,
Strukturuntersuchungen, Rheologie, HD-Synthese
Kompressibilität, Zustandsgleichungen

GASE

Kompressibilität, Zustandsgleichungen
spezifische Wärmen
Schallgeschwindigkeit, Viskosität
Wärmeleitfähigkeit
thermische Diffusion
spektroskopische Untersuchungen im IR
Dielektrizitätskonstante, Brechungsindex
Verfestigung unter hohem Druck

FLÜSSIGKEITEN

Kompressibilität, Zustandsgleichungen
Viskosität
Wärmeleitfähigkeit, Diffusion
Spektroskopie
Dielektrizitätskonstante, Brechungsindex
Hydrothermalsynthesen (in großem Umfang vor allem in der Mineralogie)
spezielle Untersuchungen an zahlreichen Elektrolytlösungen und -schmelzen (Dissoziationskonstante, Leitfähigkeit)
spezielle Untersuchungen am Wasser, insbesondere im überkritischen Bereich
Dichte, Leitfähigkeit, Dissoziation, Dielektrizitätskonstante, Hochdruckphasen, Zustandsdiagramm)

Es läßt sich eine Druck-Tiefencharakteristik der Erde ableiten, die sich auf experimentell nachweisbare druckinduzierte bindungschemische bzw. Koordinationsänderungen stützt und mit geeigneten Zustandsgleichungen material-spezifisch beschrieben werden kann.

Die anhand der verschiedenen Überlegungen (geochemisch, kosmochemisch, festkörperphysikalisch) abzuleitende mögliche stoffliche Konfiguration des tieferen Erdinnern läßt sich durch gezielte Experimente an ausgewählten Stoffgruppen

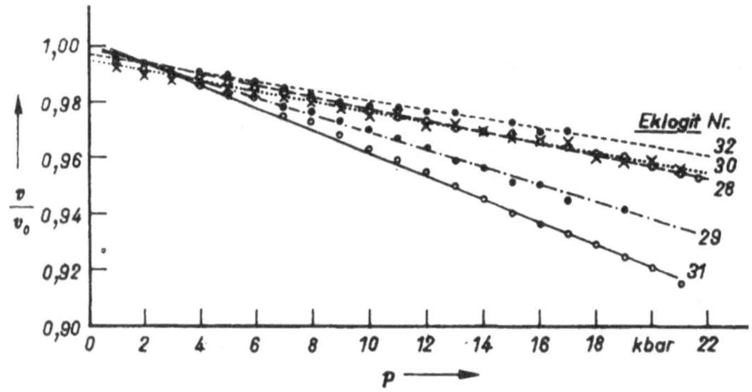

Abb. 16 Volumenkompression von Eklogit

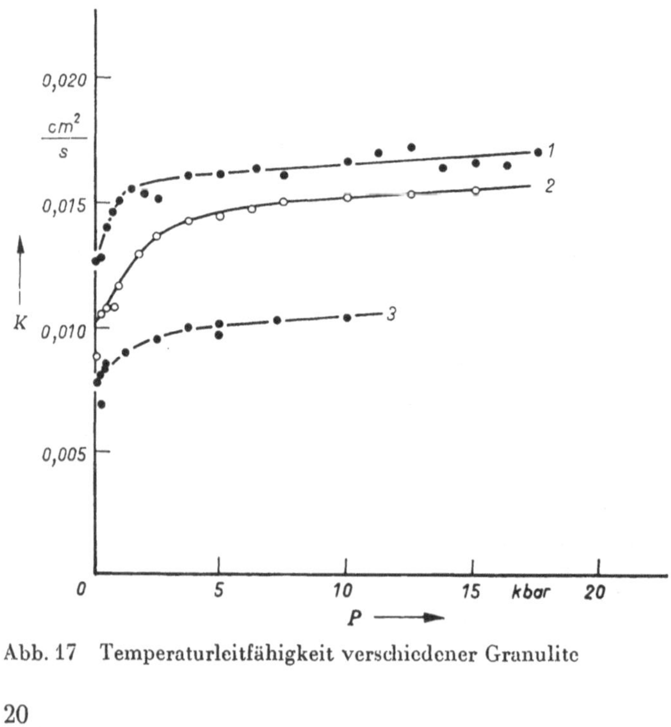

Abb. 17 Temperaturleitfähigkeit verschiedener Granulite

untermauern. Der Vergleich mit seismologischen Ergebnissen und die Einbeziehung theoretischer Untersuchungen gestattet sukzessiv eine qualitative Beschreibung der dort herrschenden Verhältnisse. Eine quantitative Beschreibung ist gegenwärtig nicht möglich, da verschiedene Fragen der Physik und Chemie des tieferen Erdinnern noch offen sind. Eine detaillierte Diskussion dieses Problems erfolgte im Vortrag anläßlich der Festtage zum 275jährigen Bestehen der Akademie der Wissenschaften.

3.2. Ausgewählte physikalische Hochdruckuntersuchungen

— Durch die Anwendung von hohem Druck werden im festen Körper gewöhnlich die Atomabstände verringert und einige Eigenschaften, wie z. B. die elektrische Leitfähigkeit, verändern sich. Durch die Verbreiterung der Leitfähigkeitsbänder und den Abbau der Potentialschwellen lassen sich Halbleiter in Leiter, ja sogar Dialektrika in Leiter verwandeln. Bei einem um den Faktor 10 höheren Druck beginnen die Atomhüllen sich zu deformieren, es entsteht ein Plasma.
— Bedeutung besitzen die HD-Untersuchungen bei der systematischen Erforschung sowie der Suche neuer supraleitender Materialien (z. B. Nb_3Ge, T_C = 22,3 °K). Das künftige Problem bei diesen Untersuchungen besteht in der in situ-Messung von T_C in Abhängigkeit vom Druck.
— von Drickhamer wurden jüngst u. a. durch Zuhilfenahme von Mössbauer-Spektren in Abhängigkeit vom Druck — interessante elektronische Umwandlungen in Übergangsmetallverbindungen beschrieben. Solche Übergänge sind in den verschiedensten Systemen durch den Einfluß des Druckes beeinflußbar.
— Die Erzeugung einer dichten metallischen Wasserstoffphase durch die Anwendung superhoher Drücke könnte die Elektro-Industrie revolutionieren (z. B. Hochtemperatur-Supraleiter mit T_C über 300 °K). Die technischen Probleme zur Erreichung dieses Zieles sind enorm. Inzwischen gibt es Hinweise aus verschiedenen Laboratorien, daß eine metallische Phase von Wasserstoff nachgewiesen wurde (der Weg zur Anwendung ist jedoch auch dann noch äußerst beschwerlich). Gleichermaßen wird durch das Streben nach metallischem Wasserstoff jedoch auch die Höchstdrucktechnik durch neue Ideen befruchtet.

3.3. Hochdrucksynthese

— Zweifellos gehört die Synthese des Diamants zu den wichtigsten Anwendungsbereichen der Hochdruckforschung. Sie ist heute jedoch nur im Zusammenhang mit der Synthese weiterer Substanzen mit ähnlichen ausgezeichneten Eigenschaften zu sehen. Nachdem nach langem Bemühen 1953 Forschern von ASEA und General Electric gleichzeitig die Synthese von Diamant gelang, geringfügig später wurden auch in der Sowjetunion Diamanten synthetisch erzeugt, verbreitete sich die Technik — bei ständiger Verbesserung der Versuchsbedingungen — sehr rasch in den führenden Industriestaaten und wird heute technologisch industriell beherrscht.

Die druck- und temperaturabhängige Gleichgewichtskurve zwischen den Kohlenstoffmodifikationen Graphit und Diamant wurde 1955 in einer inzwischen experimentell vielfältig bestätigten Form von BERMAN und SIMON publiziert (siehe Abb. 18).

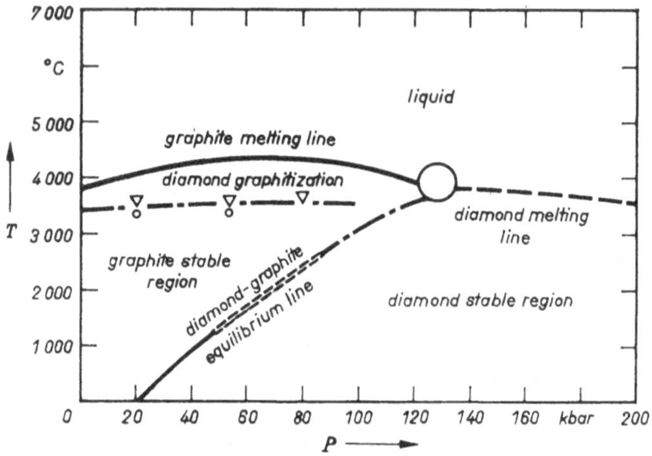

Abb. 18 Druck-Temperatur-Phasendiagramm des Kohlenstoffs

Diamant bietet wegen seiner Härte und Verschleißfestigkeit vielfältige technische Einsatzmöglichkeiten. Der steigende Weltverbrauch bestätigt die steigende Nachfrage und Erweiterung der Einsatzgebiete:

1940 ca. 4 Mill. Karat
1960 ca. 30 Mill. Karat
1970 ca. 60 Mill. Karat (Werte sicher zu gering).

Bei der großtechnischen Produktion werden nahezu ausschließlich Diamantkörnungen bis max. 500 µm gewonnen.

Diese Produkte kommen zum Schleifen und Polieren oder in Metall- und Kunstharzverbindungen in Form von Schneid- und Trennscheiben zum Einsatz. Zur Bestückung von Einzelkornwerkzeugen, wie sie zum Bohren, Fräsen oder Sägen benutzt werden, setzt man bisher ausschließlich große Naturdiamanten ein. Die Synthese preiswerter großer Einkristalle wird bisher serienmäßig nicht beherrscht. In den entsprechenden Forschungszentren gehen deshalb gegenwärtig die Bemühungen besonders um die Herstellung großer Diamanteinkristalle. Eine Alternative zu großen Diamanteinkristallen bilden für viele technische Anwendungen harte und verschleißfeste polykristalline Diamantkörper, die in geringen Mengen in den Diamantlagerstätten (besonders Brasilien) vorkommen und unter dem Namen „Carbonados" bekannt sind. Das begrenzte und natürliche Vorkommen, ihre ausgezeichneten Eigenschaften und vielfältigen technischen Einsatzmöglichkeiten läßt der Synthese großes technisches und wirtschaftliches Interesse zukommen.

Die Herstellung synthetischer Diamanten kleiner Abmessungen ist in jedem leistungsfähigen Hochdrucklabor möglich, die Synthesewerte liegen bei 50 kbar und Temperaturen über 1100 °C bei einer Reaktionszeit von wenigen Minuten (vgl. Abb. 19, in ZIPE synthetisierte Diamanten).

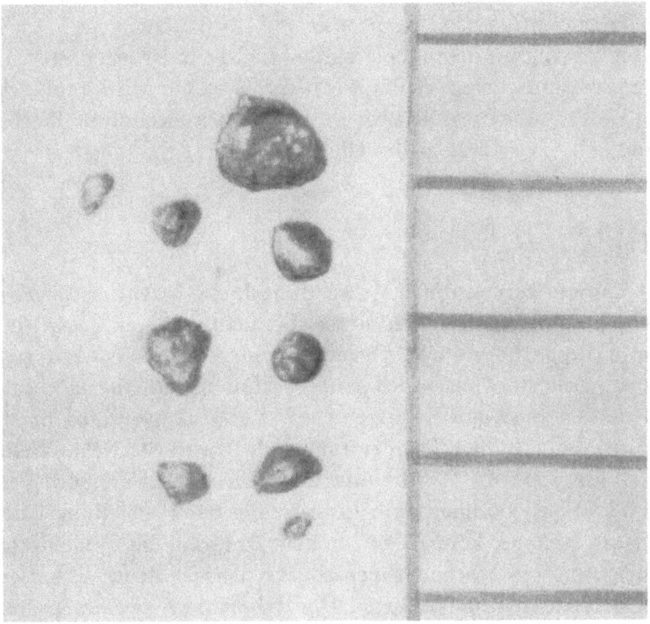

Abb. 19 Synthetische Diamanten (ungereinigt), ZIPE

— bei synthetischen Bornitrid gilt in abgewandelter Form etwas ähnliches für die Beherrschbarkeit wie beim Diamant. Synthetisches Bornitrid besitzt hinsichtlich bestimmter physikalischer Eigenschaften, die sich besonders auf die thermische Stabilität (Standzeit in Werkzeugen) auswirken, Vorteile gegenüber dem Diamant. Die Synthesewerte liegen geringfügig höher als beim Diamant, die verwendeten Druckkammern sind die gleichen.

— Verstärkte Grundlagenforschungen sind notwendig bei der systematischen Untersuchung von Stoffsystemen unter extremen p,T-Bedingungen hinsichtlich Hochdruckphasen mit ausgezeichneten Eigenschaften. Hier sind auch Untersuchungen von Hartstoffen einzuordnen, wie sie beispielsweise im Zentralinstitut für Festkörperphysik und Werkstofforschung der AdW durchgeführt werden.

— Theoretisch wie experimentell wird das Verhalten von Schmelzen unter extremem Druck nur ungenügend beherrscht. Die sich abzeichnende Bedeutung erfordert eine konsequentere Untersuchung auch dieses Gebietes (Anwendung in der planetaren und geophysikalischen Forschung, Aussagen zum Materialverhalten).

— In diesem Zusammenhang sind auch die Untersuchungen an Gläsern von besonderer Bedeutung: Prinzipiell können in optischen Gläsern durch Druck spezifische Eigenschaften gezielt beeinflußt werden (Brechwerte, Dispersionsverhalten). Druck induziert in Gläsern spezielle elektrische und magnetische Eigenschaften, die in praktischer Anwendung in der Elektroindustrie angewendet werden können. Wichtig werden in Zukunft Experimente mit dem Ziel einer gesteuerten Kristallisation bei technischen Gläsern sein.

— Phasenumwandlungen bzw. Synthesen bei relativ niedrigen Drücken sind in der organischen Chemie bekannt. Eine Reihe wichtiger Systeme wird großtechnisch beherrscht (z. B. Leuna, Chemieanlagenbau). Der Druck beeinflußt hierbei die Reaktionsgeschwindigkeit bzw. die Lage des Gleichgewichts (Erhöhung der Ausbeute).

3.4. Pulverkompaktation

Bei der Pulverkompaktation werden durch Anwendung hydrostatischen Druckes auf die pulverförmigen Ausgangsmaterialien unter Benutzung einer geeigneten Form komplizierte Formkörper hergestellt. Gegenüber einem Pressen mit einachsiger Kraftanwendung wird eine wesentlich größere Homogenität des Produktes erreicht und damit bessere mechanische Eigenschaften. Die Anwendung dieses isostatischen Pressens (auch bei erhöhter Temperatur möglich — isostatisches Heißpressen) ist sehr mannigfaltig; sowohl Metalle und Gemische daraus als auch verschiedene Keramiken und Gläser kommen zum Einsatz. Bei der Herstellung keramischer Isolierkörper zum Beispiel können bei hohen Drücken die Bindemittel reduziert werden, wodurch die elektrischen Eigenschaften entscheidend verbessert werden können (geringere dielektrische Verluste). Die technische Anwendung geht gegenwärtig in alle Bereiche der Keramik. Dabei besteht ein Problem durchaus im zu betreibenden Aufwand bei der Höhe des Druckes: Mit steigendem Druck wird zwar die theoretische Dichte stärker angenähert, jedoch steigt der technische Aufwand entsprechend. Die Verbesserungen beim Verfahren des isostatischen Pressens liegen gegenwärtig vorwiegend auf technologischem Bereich: z. B. versucht man Qualitätsverbesserungen bei durchsichtiger MgO-Keramik durch isostatisches Heißpressen unter Verwendung von Vakuum zu erzielen. Die Beherrschung des isostatischen Pressens ist eine unabdingbare Voraussetzung für die Herstellung leistungsfähiger Hartmetalle. Dieses Problem fällt für die DDR u. a. in die Zuständigkeit des 1977 gegründeten Wissenschaft-Technik-Produktionsverband „Werkstoffwerkstoffe und Werkzeuge“

3.5. Extrusionsverfahren

Die Werkstoffverformung nach dem Extrusionsverfahren gehört gleichfalls zu den ökonomisch intensivsten Anwendungen der Hochdrucktechnologie. Diese Tech-

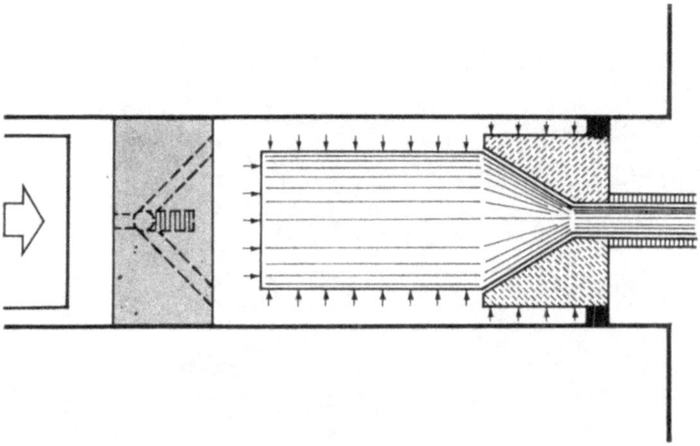

Abb. 20 Prinzip der Hydroextrusion

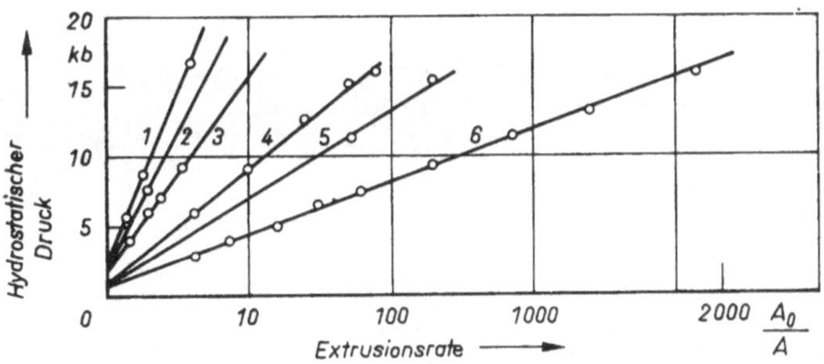

Abb. 21 Extrusionsraten verschiedener Metalle

nologie, in der Abbildung 20 ist das Prinzip dieser Methode dargestellt, führt neben anderen Vorteilen zu Werkstücken mit besseren mechanischen Eigenschaften und besserer Oberflächenstruktur. Es sind nur in geringem Umfang Nacharbeiten erforderlich. Das stangenförmige Material wird bei diesem Verfahren hohen hydrostatischen Druckes plastisch und in diesem Zustand durch eine geeignete Matrize in fast beliebige Profile gepreßt. In Abhängigkeit vom Material (siehe Abb. 21) sind die Reduktionsraten enorm. Besonders bietet sich dieses Verfahren zum Ziehen feinster Drähte an (bis 0,015 mm).

Die Aufzählung der wissenschaftlichen und technischen Anwendungen hoher Drücke sind damit noch nicht erschöpft (z. B. Verwendung von Flüssigkeitsstrahlen, die mit extrem hohen Drücken aus Düsen ausströmen — Schneiden von verschiedenen Materialien; Explosionsverformung; Explosionsschweißen).

FSC
www.fsc.org
MIX
Papier | Fördert
gute Waldnutzung
FSC® C083411

Zeitfracht Medien GmbH
Ferdinand-Jühlke-Straße 7
99095 Erfurt, Deutschland
produktsicherheit@kolibri360.de